蔡宛凌 ──────── 著

我想把歌唱好
網紅歌手養成術

我 想 把 歌 唱 好
網 紅 歌 手 養 成 術 Contents

① 歌手如何找到個人市場定位

② 找到發揮的平台

人人都有走紅的機會

如果你對「網紅」的印象，還停留在只會裝可愛的正妹，那你已經過時了。如果你覺得網紅只是沒有經紀公司與唱片公司資源支持的素人，碰巧透過自媒體的方式走紅，那你就已經錯過這個商機了。

當手機與網路成為每個人每日生活中不可或缺的重心，人類的生活習慣就開始隨之改變。當Facebook直播的功能開放給全民，各種APP紛紛推出即時影音與網友互動功能時，小屏幕影像的影響力就藉著互聯網開始成為媒體主流。

而在這波互聯網商機的帶動下，各種直播APP也紛紛上架，廠商為了衝高人氣，開始提供比上班族更優渥的鐘點費給直播主。因此直播就開創出一種新型態的工作機會，也成為年輕人就業的新選擇。

不只如此，當2016年直播上第一次拍賣出價值120萬的鑽石，2017年網紅發行的單曲下載率，第一次高過偶像天團與創作天王時，更證明了網紅們對拍賣以及流行音樂市場，已經造成衝擊，並且有了極大的影響力。

而網紅的定義也漸漸在變廣。現在幾乎是能提供內容，並透過自媒體走紅的EVERYTHING，都歸類在網紅。

無論是由美食、美妝、音樂、電玩、旅遊等達人，透過美拍、小影、天籟K歌等等APP來翻唱歌曲、自製MV、記錄小孩與生活、回應時事等等方式來製成影片或做線上直播，都有機會能養成網紅。甚至是你家的寵物、你創作的漫畫、無厘頭的創意…等等，只要能抓住人眼球的內容，就會有一群跟隨的粉絲。

雖然看似網紅出道沒有類型與方式上的限制，但依舊有成功模式可以依循。最重要的就是要有持續不斷的內容產出，並且提供的內容要服務與吸引到他的觀眾！

吸睛的內容可以讓直播主爆紅，但唯有關係能讓直播台長久。而定時的在同一個平台上有內容的產出，能讓訂閱者養成重複收看的慣性，因此在每一個產出內容都能夠吸引一定的收看人數時，這些數據同時就會吸引廠商的廣告置入，讓內容產出者的收入來源變得更多元。因此找出定位與特色，是讓素人能從自媒體的使用者，變身成為網紅，並且打造出自我品牌的關鍵。

那……如何開始呢？

開啟你的手機，為自己錄一段自我介紹吧！

想三個關於自己特色的形容詞（想不出來可以訪問你的好朋友們），然後回答以下的三個問題。

1.你想要扮演什麼角色？

喜歡烘焙的廚師、看不出年紀的媽媽、提供專業諮詢的老師、搞笑的諧星、鄰家女孩、電玩達人……。

2.你看到哪些別人的需要？

每次吃飯時間都不知道要吃什麼的人、總是在KTV會被切歌的人、上班壓力很大的人、想知道怎麼帶小孩的新手爸媽、在學習自己化妝的高中生……。

3.列出你能提供的服務？

翻唱出不同風格的歌曲、能教別人如何DIY模型、介紹隱藏版的美食、帶大家玩私房旅遊景點、分解出最新MV的舞蹈……。

這三個問題，可以延伸出無限多種的組合，打造獨一無二的你！自媒體的興起，就是讓人人都有走紅的機會。但這三個步驟每個人都需要時間去摸索以及學習。

另外，在互聯網的世代，善用**合作**來吸引彼此的粉絲互動，更是每個網紅必須具備的技能。

舉例：

1. 翻唱新歌的Cover，在歌手宣傳期與原唱歌手的粉絲群串流。

2. 與同類型的網紅合作，讓粉絲們能夠彼此串流。

3. 用當紅話題創作，透過新聞報導從電視與平面媒體的報導來導入新粉絲。

　　當然，這些舉例都只是網紅在做自己品牌定位以及發展行銷自己通路的其中幾個方式，而非唯一的方法。因為網紅產出的內容，短線爆紅需要的是吸睛，但長期走紅的關鍵，是要有「故事」以及「專技」。

　　因此這本**《我想把歌唱好：網紅歌手養成術》**，不只是延續**《我想把歌唱好：一本沒有五線譜的歌唱書》**中，古典跨流行的歌唱教學密技，更是傳授現在歌手在自媒體趨勢的影響下，如何使用參加歌唱比賽以及向唱片公司、經紀公司投稿以外的新方法。

　　本書我們邀請到馬來西亞的網紅歌手——Jia佩佳，分享自己如何運用自媒體走紅的過程。並特邀由伊林娛樂一手打造的嘻哈偶像團體——BOi！，為身處在網紅世代的歌手發聲！

　　讓我們一起在這個互聯網與自媒體衝擊演藝圈的時代，學會見勢轉舵，經營出屬於自己的一片天！

作者序
INTRO

Vanessa **蔡宛凌**

「我想讓每個有歌唱夢想的人都獲得學習以及表演的機會！」

　　我受過扎實的古典音樂教育，於國立台北藝術大學音樂系大學部與研究所主修聲樂，師事唐鎮教授。畢業後，我開始從事古典跨流行的歌唱教學，並出版過四本歌唱相關叢書，現為國立台北藝術大學電影系聲音表演講師。

　　因為在古典跨流行的歌唱教學過程中，訓練出很多成功歌手，因此我有了想傳承歌唱系統教學經驗的夢想，而建立了「聲創教育坊」。後來也因著許多歌手學生的委任，開始做唱片製作統籌，而成立了「國際星光藝術有限公司」，並擔任這兩家公司的負責人。

　　我自己在夢想的路上經歷了從歌手、老師到老闆，從古典跨界到流行。但我仍期許自己每年都要在古典與流行界產出作品。而在這兩種截然不同的文化衝擊中磨出作品的經驗，就是讓我能幫助不同類型的新人從出道的訓練、音樂製作、定位包裝與媒體宣傳上能一站滿足的養分。

　　雖然我和團隊的大家幫助過無數的夢想起飛，但同時也有看過一些可惜的例子。

而夢想隕落的原因，常常不是因為外界傳言的歌手不夠出色或不夠努力，而是因為大環境的趨勢一直在改變。因此歌手若只專注在把歌唱好，而沒有敏銳地察覺市場變化，產出的內容一旦沒有服務到觀眾，就容易在市場轉型中錯失機會。

以前歌唱節目林立，現在網路平台興起。我們現在身處於素人有機會一夕爆紅的世代。一位歌手成名的原因，雖然與歌唱技術和跟上趨勢息息相關，但如何在演藝圈的高低波動中，維持好的心理素質，以及選對方向努力更是關鍵。

因此我秉持對歌唱教學的熱忱，於2017年開設由**國立台北藝術大學藝術推廣中心**與**聲創教育坊**共同打造的產學合作平台——**【Born to boom 迸發藝原力】**。計畫每年在暑假與寒假定期舉辦國際交流營會，讓書中的知識活起來，並且透過實作將這些經驗傳承下去。

本計畫中結合北藝大師資、藝術資源與聲創教育坊累積多年的經驗，以及持續開發中的歌唱教學內容，延伸發展出一連串由這個計畫所產出的作品。透過與曾經擔任過各大歌唱選秀比賽的指導老師們合作，使台灣打

造華人流行音樂歌手的經驗具體傳承；也讓這些經驗成為華語13億人口當中喜愛唱歌的朋友，能在歌唱的夢想裡找到同好並投入學習。結合當今火紅的自媒體和新媒體技術，以及訂閱、業配等回利機制，讓每個歌手都能夠學會在演藝圈新的基礎謀生能力。

　　期望未來在這個【Born to boom迸發藝原力】中，遇見在夢想中邁進的你！

網紅歌手——Jia佩佳

我是Jia佩佳，來自馬來西亞柔佛州。

笑起來眼睛一條線，單純、真心的牡羊座女孩。

從小，我就非常喜歡音樂，喜歡表演。所以小時候學過鋼琴、二胡、古箏、芭蕾舞、爵士舞等等。

但其實我一直都不敢勇敢正視自己的夢想。也會常常否定自己，對自己很沒自信。當歌手與藝人對我來說根本是一件遙不可及的事情，所以連想都沒有想過，也從來不敢想。

以前的我個性很內向害羞。這二十幾年來只參加過兩次歌唱比賽。第一次是4歲的時候；而第二次則是在2011年的時候，我參加了馬來西亞《絕對星光飆唱賽》，很幸運得到了殿軍。也是從那個時候開始，我才真正接觸唱歌，也慢慢發現自己是那麼喜歡唱歌。

🎧 當初為什麼會來台灣？

其實，我相信是一種命運，一種緣分。來台灣也是我沒有想過的事情。

兩年前在剛畢業後，我在網路上看到了F.I.R樂團阿沁老師的TPI練習生甄選計畫。在媽媽的鼓勵下，我也不知道自己哪來的勇氣，報了名就飛到台灣參加甄選了。很幸運的，沒有什麼歌唱比賽和表演經驗的我，竟然被老師錄取了！

我永遠不會忘記當我得知成績的那一刻，我的心情有多複雜。聽到被錄取的喜訊當然是超級開心，但一想到要離開家裡，第一次一個人到外地生活，心裡真的有很多緊張擔心跟害怕。

因為很喜歡表演，也不想讓人生有遺憾，讓以後的自己後悔，最後還是鼓起勇氣，一個人飛到了台灣 開始了這一趟義無反顧的追夢旅程。現在想起來，覺得自己滿勇敢的。也很謝謝自己當時的決定。

來台灣兩年覺得自己真的改變很多，也成長很多。不只是生活方面變得更獨立，在音樂表演上也進步了很多。在台灣最辛苦的事絕對不是上很

多課，然後常常熬夜練習或是面對評比甄選的壓力。我覺得最辛苦的是離開最溫暖的家裡。一個人離鄉背井在台灣努力有時候真的會覺得很孤單。想家的時候還是會偷偷躲起來哭。但為了夢想，還有想到許多支持我的家人朋友們，我很快又能調整好心情繼續往前走了。

這兩年的演藝培訓和大大小小舞台經驗的累積，讓我更加確定自己想要成為一位藝人。雖然這一路並不是都一帆風順，也有遇到很多挫折的時候。但我總會跟自己說聲加油，告訴自己不要害怕失敗，只要我不放棄，只要我相信，總有一天一定會成功。

很謝謝所有幫助過我的老師們，和一直支持著佩佳的粉絲朋友們。謝謝你們在音樂夢想這條路上一直陪伴著我。

當然，最要感謝的是我的家人，總是無條件地支持我做自己喜歡的事情，給我很多愛和鼓勵，讓我更有力量去追逐夢想。

我覺得表演是一件很快樂的事情。也是我想做一輩子的事情。

而能夠透過表演，透過我的音樂、我的故事，把快樂分享出去，那就更快樂不過了！一切努力也都值得了。

未來期許自己成為一位把滿滿快樂與正能量傳遞給觀眾的全方位藝人。我會繼續努力，堅持到底的。為了自己，更為了愛我的你們！

謝謝你們願意認識佩佳，喜歡佩佳。未來的路上也請多多指教！

嘻哈偶像男團──BOi！

　　伊林娛樂一手打造的嘻哈偶像男團BOi！由陳信維（CUZY）和王翔永（EVER）組成。模特兒出身的兩人，都非常喜愛HIP HOP、RAP、創作及舞蹈，擁有多樣面貌的兩人組合，堪稱新一代全能男團。

　　陳信維（CUZY），團體裡主要負責饒舌的部分，擅長寫詞。初期為多家潮流品牌御用模特兒，同時擁有許多秀場經歷。於2013年參加中國貴州衛視《非常完美》，節目中有亮眼的表現，在內地擁有大批死忠粉絲。

　　王翔永（EVER），團體裡身兼主唱、作曲及編曲部分，音樂創作性高。第一屆璀璨之星選拔中，在萬人參賽者中脫穎而出，榮獲最佳上鏡獎。並於2013年參加《超級接班人》獲得第三名而打開知名度，作為電視首次曝光。

　　團名BOi！象徵兩人對音樂夢想的堅持，帶著初心出發，期許自己在樂壇永保赤子之心，如同永遠長不大的男孩。小寫字母「i」跟驚嘆號的相反，也恰巧代表了兩人截然不同的個性。而驚嘆號也是BOi！期待自己在音樂＋舞蹈＋創作上能給人驚喜不斷的感受。

　　未出道即舉辦百人粉絲見面會，並受邀至各大校園與節目演唱。出道

後即推出首張迷你專輯，並於半年內舉
辦首場售票演唱會。

　　2016年11月11日BOi！發行首張迷
你專輯《S.O.S》，兩人全程參與作品
創作／編曲／製作／影像等製作過程。
每首歌皆以嘻哈為基底，分別融入了舞
曲、抒情、R&B、靈魂樂等等各種成
分。大膽的新鮮嘗試、精選組合出不同
的聽覺饗宴。

 BOi！成為歌手的契機

🎧 為什麼用參加徵選的方式進入演藝圈？

翔永： 每次的徵選對我來說都是一個機會，其實透過徵選可以學習到很多
不一樣的東西，也可以在比賽過程中得到專業的指導。台灣的文化比較偏
向從比賽出來，大家才會注意到你。沒有人脈的時候，透過徵選的方式是
最容易的，而且人人都有機會。

小時候在美國的時候我也參加過很多徵選，像是：JYP、SM、AVEX，以

前都是自己拍攝試鏡帶然後寄去唱片公司，影片內容通常為唱歌或是舞蹈的。像我在日本的AVEX曾經進過第二段徵選，有飛到LA做複試，但很可惜第三段徵選沒有通過…我也曾從台灣飛到香港參與JYP的比賽，那時候也是在網路上投了試鏡影片後，通過了徵選飛到香港比賽。

🎧 為什麼決定從模特兒轉型為歌手？

信維：其實一開始不是對做模特兒有特別的興趣。我喜歡表演，像是演戲、跳舞。但說實話，我也沒有想過要當歌手。

因為我本來對自己的歌唱是沒有信心的。在當歌手前，我一直覺得唱歌的好壞就是天生，怎麼練習也贏不了那些天生會唱歌的人。但當自己開始學習唱歌之後才發現，原來歌唱是可以被訓練的！我在團體裡大部份是負責饒舌，而且我後來發現饒舌要饒的好，其實在唱歌上也需要下足夠的功夫！

我從小到大都是個蠻有自信的人，所以一開始很挫折，但後來經過不斷的練習、上課，並聽到以前錄的歌與現在自己錄的真的有很大的不同，因此促使我越來越有往上的動力。

當模特兒的時候，我只想過或許有一天要當演員。因為小時候練舞是為了興趣、為了釋放壓力，從沒想過去當專業舞者或是舞蹈老師。我覺得跳舞是我最能做自己的時候，因為舞跳久了會成為身體的一部分。當然現在跳

舞對我而言是一個很好的附加武器。

🎧 BOi！組團的契機？

翔永：因為那時GD與太陽的《GOOD BOY》這首歌曲非常紅，就有個idea
想要在伊林尾牙上表演。所以就跟那時候的經紀人討論了一下這個想法，
也想了要找誰做搭檔，所以最後找上了信維。後來公司覺得蠻有火花，可
能性滿高的，所以就組成了這個團。

🎧 成為歌手到現在，最有成就感的事情？

信維：平常都喜歡聽音樂，每當聽到好聽的音樂，就會很佩服怎麼能寫出
那麼好的歌。而今天變成我自己要去做這件事情的時候，我就會讓自己去
投入在這件事情裡面，雖然這中間一定有很多痛苦、困難、卡關，但作品
完成然後得到別人認可的那一刻，甚至是自己聽都覺得被打動的時候，那
樣的開心程度真的比中樂透還要興奮，而過程中花了很多心血，像跟團員
一起努力，加上很多朋友一起完成，算是一種熱血吧，這才我感到最有成
就感的地方。

翔永：我覺得成就感只是當下的東西，並不是有持久性的，通常它在我身
上不會停留太久。現階段還沒有太大的成就感是因為覺得自己還不夠好。

成就感對我來説是一種負擔。當大家覺得你的作品不錯，會造成無形的壓力，我會很擔心接下來怎麼辦，是不是做不出來更好的東西了（笑）。

信維：別人因為我所創作的音樂而起舞的時候，是讓我有成就感跟開心的事情。好聽、不好聽太過於主觀，但聽到音樂想要舞動卻是騙不了人的。

翔永：在路程上學到更多是我最開心的事情。

　　我們正走在實現歌手夢想的路途中，帶著謙虛的態度去學習、感恩的心情去堅持，也在這個快速變化的大環境中努力找尋自己的定位。
　　謝謝每一位支持的家人、朋友、歌迷，也謝謝曾經與現在付出心力的每一位幕後推手，希望我們能以更好的音樂與作品呈現給你們！

歌手如何找到個人市場定位

① 心態設定

　　身為大學老師與歌唱教育系統負責人，有兩種時刻是我最不知道怎麼面對的。一種是畢業典禮遇到家長。另一種是學生不斷逼問我，他要怎麼樣才能紅。

　　當家長們殷殷期盼握著我的手，問說：「老師，請問大學四年畢業後，我孩子可以做什麼？」和學生總是說：「老師我到底要怎麼做才能紅？大家都說我唱很好！但我怎麼沒紅？」的時候，其實我的心裡百感交集……。

面對家長，我了解要養出一個藝術科系的孩子，整個家庭需要投注多少的資源與陪伴。因為我自己就是從五歲拿到第一個歌唱比賽第一名後，由父母一路陪伴與傾注所有的資源栽培到從事表演的，因此當他們期待我能告訴他們一個完美的答案時，我總是會猶豫，但又不想讓學生們的父母失望。

面對想紅的學生，我當然希望他的夢想可以實現！不然我不會從藝術人的身分中跳出來開公司。從零學習創業，就是希望可以打造一個平台，讓每個夢想都能有機會與資源發芽成長。

但很抱歉，在藝術這行，事實就是──你努力並不代表你就會成功！

當然，無論在古典或流行，演藝界或音樂界，專業能力都是非常重要的！但卻不是成功的唯一條件。

我們把百分之九十九的力量花在培養專業，卻忘了去觀察現在市場的改變。危機就像溫水煮青蛙一樣，一開始你不會覺得自己的專業會找不到飯吃，所以藝術人常常花了十幾年栽培了專業，卻空有一身本領的在市場上陣亡。

因此我真心建議每個藝人要把自己當作是一家公司來經營。

讓自己成為一個品牌，成為一個有故事的人。

不管別人怎麼看你，但你不可以不知道自己是誰！

這不代表你可以完全不聽別人的意見，只是一味的「做自己」。

而是你必須清楚的知道自己的強項與弱點，將自己做對的品牌定位，

讓市場需要你，而且你可以開始成為你族群中的代表人物。用你的夢想點燃別人的夢想。

怎麼說呢？也許對身為藝術人的你來說，會覺得我很勢利。怎麼可以對你的創意跟夢想有意見，甚至鼓勵你除了專業以外，學習如何經營自己。

但在市場上，不爭的事實是──**選擇永遠比努力更重要！**

尤其是當你會的能力，別人也會的時候。選擇自己的定位與選對戰場就變成致勝的關鍵。而且你無法靠自己的力量成功，一定要透過**與別人合作**來建立品牌和影響力。

因此**「關係」**就是成功不可缺少的環節。

除此之外，有什麼方法可以找出自己的品牌定位呢？

我永遠都跟學生說：「教室養不出藝人。」可以在舞台上綻放光芒多久，取決於你是否有不斷把握每個機會提升自己。因此你內心對夢想的續航力有多強，決定了你演藝人生的長短。而看待夢想的心態，決定了你的品牌。

② 找出方法

　　我鼓勵大家要為自己寫出一份SWOT，並且拿這張地圖跟這行的前輩們討論。

用SWOT看到你是誰？

Strengths優勢 → 分析自己的優點在哪裡？

Weaknesses劣勢 → 自己的缺點，或缺乏什麼？

Opportunities機會點 → 跟競爭對手比較，我有什麼機會？

Threats威脅點 → 跟競爭對手比較，我會受到什麼威脅？

舉例：在宣傳期必須上電視節目時，我會分析自己：

S — 我會唱海豚音。

W — 我沒有電視圈女藝人的身材與臉蛋。

O — 因為是歌手＋歌唱老師，所以能用兩種身分上不同主題的節目。

T — 我只有發過古典樂專輯，沒有發行過流行樂專輯，唱別人的歌容易被比較。

　（解決方式：我會主動提出古典跨流行的炫技曲目給製作單位，定位自

己是海豚音歌手，教如何飆高音的歌唱老師。）

沒有人是完美的，但你可以找到自己的優勢，變得與眾不同！

因為這世界只有一個你！You are special！

What do you want？NAME IT！想法決定做法，格局決定布局！

所以當你知道自己的SWOT後，接下來你需要清楚說出，對你來說什麼是成功！

當你說你很想當藝人，但沒有定義什麼才是藝人時，就會很容易在開過一場演唱會、上過一個節目，或發一張專輯後就停止努力。

或者是你再怎麼努力，都覺得自己不夠好。因為你根本就沒想過什麼是成功的樣子。因此會在責備自己當中永遠無法滿足，甚至無法感恩幫助你前進的人。

目標像是燈塔，沒有目標，無論你多努力，機會再多，都像是在黑暗中行走。

拿破崙‧希爾說：「目標是附帶成功日期的夢想。」（A goal is a dream with deadline.）

因此訂定清楚的目標，並且清楚地寫出想完成的時間，才會給自己源源不絕的動力！

但知道自己的SWOT和成功目標就夠了嗎？

不。你還必須讓別人認識你。

因為創立品牌最重要的，是要知道——你賣什麼？

我舉三個例子：

1. "旅行" 賣的是一個「體驗」。

若你賣的只是機票，那客戶看到的永遠只有價格，但若是你賣的是「體驗」，客戶買到的是遇見不同的人生。

2. "房子" 賣的是「鄰居」。

若你賣的只是坪數跟裝潢，客戶永遠會跟你殺價。但若你賣的是「鄰居」，客戶會以能入住這個社區為榮耀。

3. "跑車" 賣的是「身價與認同感」。

若你賣的只是跑車，客戶只會跟你談要送多少配備，和從你的獎金來爭取他能折價的空間。但若你賣的是「身價與認同感」，讓客戶知道有誰

開這個等級的車，而且還可以與他一起成為車隊隊友。那客戶除了喜歡車之外，還會以能與不同社會階層的人當朋友為動機而買車。

對你而言，你覺得你賣的是什麼？

③ 建立循環

嘿！也許你會說：「老師，我是藝術人不是商人！我不需要賣東西！」

是的，我部分認同你所說的。我只是想說：你要想出你的方法，讓別人認識你，而且要讓別人不只認識你，而且認同你。

而如何讓別人認同你呢？關鍵是：在別人的需要上看到自己的責任。

咦？這個問題不是問：如何讓別人認同你嗎？怎麼會是從滿足別人的需要出發呢？

因為關係的循環是這樣的。別人一開始會認同你，是因為你先提供了別人所需要的，才會進一步認同你所有的，而成功就會在這時候自然而然產生。

用我自己的人生舉例：

- 從學生問我：老師，我要怎麼用肚子唱歌？ 因而想要寫出一套沒有五線譜的歌唱方程式，而且在讀者不斷追問問題下，出了四本書寫如何解決這些問題，而開始變成作家。

- 從看到音樂系的學弟妹們畢業沒有工作，而決定辦師資訓練和開歌唱訓練教室，將所寫的書當作教材，讓更多人能有機會成為歌唱老師。因著想要幫助學弟妹的心，我開始成為老闆。

- 因為歌唱教室教出了許多一炮而紅的歌手，但常會在簽約與合作上被欺負。因此我決定開經紀公司學習保護藝人，並且幫助他們在市場上找機會。而我也因為想幫學生完成出片的夢想，讓他在市場上更有競爭力。因此超出我計畫的起來聯合其他公司做出歌手訓練＋音樂製作＋發行＋企劃宣傳的事業平台。

我們每個人都可以有夢想，也必須有夢想。因為夢想是啟動成功的鑰匙。

要有大夢想才會有大成功。

而如何知道自己的夢想是否夠大，而能迎接大成功呢？

就看你的夢想裡是否有考量到別人的需要。

也許你可以……

找到一個專業，成為老師；

找到一個機會，成為藝人；

找到一個系統，成為企業家！

　　不過，起頭的動力都是先問問你的內心：我可以為這世界做些什麼？

　　我從來沒想過一本書竟然可以讓我開始接觸更多的人，並且看見一個理想複製出更多的夢想。而且從夢想中，許多人看到了自己的價值，因此不斷發揮創意，讓生活中的每個危機都變成轉機，每個需要都找到答案，並且讓自己能成為一個標竿，不斷鼓勵著別人一起成功，讓信心變成一種會自然而然發生的正面能量。這麼一來，你就開始往成功的路上前進了。

找到發揮的平台

現在演藝界是一個市場邁向扁平化的時代。歌唱比賽林立，人人都有智慧型手機。因此時時都可以透過直播、FB、微信等方式獲得資訊，並且在網路平台上擁有自己的粉絲群為自己發聲。

當大家從手機就可以獲得廣大網友的即時資訊，而且有機會直接與藝人對話、互動或下載全球最新上傳到雲端的音樂，就會漸漸減少閱讀報紙獲得資訊，或看電視談話節目的習慣。因此音樂產業開始轉型，行動影音加值媒體日益增多的趨勢開始產生。

當然這種趨勢也造成傳統媒體必須找到更多的方案，利用live直播或者發展數位平台來創造效益。文化與習慣的轉換，像是海浪一般有漲潮與退潮的。位能會一直流動，從位能高流向位能低。例如以前美國的音樂與香港的電影主導台灣演藝圈。而台灣藝人也從影響大陸唱片市場，到現在慢慢退燒到開始區域化。

音樂人現在要面臨的問題是：跨界合作和全球化。市場回到了跟藝人面對出道時一樣的問題。如何合作整合資源，並帶出更大的影響力。而消費者也開始主動選擇他們想要獲取資訊與音樂的途徑，利用媒體平台，自

己製作內容，找到並聚集認同自己的群眾，用影響力來製造商機。這就是
市場扁平化的象徵。

① 音樂人要與科技人合作，聲音要與影像作結合

也因為現在多媒體的興起，網路讓可以聽到的音樂變得非常多，但也因為接收資訊的習慣變成是透過多媒體，因此強調視覺的刺激，造成觀眾對純音樂的忠誠度開始下降，影片的影響力開始超越音樂。

音樂人與科技人必須合作。與廠商也須溝通，這沒有對錯，做生意角度不同而已。

我用微博、Facebook來舉例：

現在明星們很習慣透過微博分享動態，電影也透過微博宣傳。如：曬電影票送汽車等活動。而近年來當流行音樂市場因著互聯網的產生而翻動

的時候，每個國家面對市場洗牌的態度迥異。一旦在商業鏈中失去開創與製造商機的能力，我們就會淪為雇工，無法主導市場。

有些值得我們注意的數據與現象，可以供大家參考：

1. 2015年微博上有300位藝人的粉絲破1000萬人，有1500位藝人的粉絲數破100萬，舉例來說，小鮮肉平均一條微博訊息會吸引21萬網友按讚。

2. 微博微訪談也是讓口碑迅速傳播的良好工具，例如：《古劍奇譚》有105萬人次提問。

3. 以前社群網站上以分享文字與照片為主。但現在直播的技術變得普及，每個人都可以輕鬆分享影片，甚至未來能夠分享虛擬實境。

4. 社群平台開始不稱呼客戶，而將使用者變成創作者。把「人」與「內容創作者」連接，為合適的觀眾提供最佳的內容。

5. Facebook創始人的想法是希望能用社群平台連接全世界的人，所以未來也會想辦法讓偏遠地區的人也可以使用Facebook，把富有與貧窮的人拉進，目前只做了1/3。

6. 雖然大陸用Facebook不易，但微博的覆蓋率卻是非常廣。而Instagram因為在內地也可以使用，所以覆蓋率也不斷在攀升。

7. 現在每天平均10人只有1人有閱讀報紙的習慣，但LINE、Facebook、Whats App、微信卻已成了與大家生活最密切的平台。在Facebook

上快速累積人氣的範例：插畫家Duncan，從原本83萬粉絲，一年後變千萬。除了每天畫畫外，還會思考何時上線的粉絲最多，要什麼時間發文。

不只如此。因著社群平台的興起，現在擁有內容產出能力的創作者，無論是否有經紀公司或唱片公司包裝，都可以發片，並且登上大舞台演出。並且這幾年代理數位發行的業務開始成為唱片公司的主要業務之一，因此獨立音樂也能在 iTunes、KKBOX、Spotify等國際音樂平台上架。

② 音樂產業如何應用大數據

　　每個音樂平台經營的理念不同。舉例：KKBOX理念是絕不提供免費音樂。Spotify堅持要提供消費者免費試聽的體驗，覺得如此才能讓原本不消費的人，變成消費的那群人。

　　10年前串流音樂並不普遍，但現在透過大數據的運算原則成為了主流。因此10年前洞察數位音樂先機的人所創立的串流的平台，經過耕耘與測試得到有效的使用者使用習慣數據，因此更知道如何推薦使用者可能會喜歡的音樂。當然，這樣新功能的產出，勢必也稀釋了製作者的收入。

　　現在觀眾對單一品牌的忠誠度比過去低很多。當然，因著大眾接受資訊的方式改變，因此媒體被迫轉型。相對的造成對音樂產業的影響，且直接衝擊了媒體圈與娛樂圈的生計來源。

　　另外當點擊率開始成為藝人創作與公司下決策時的衡量主因，就開始造就了速食音樂與翻唱的興起。觀眾的留言、分享、送禮物與按讚，也主導了創作內容的走向。當然傳統媒體，新興媒體是可以脣齒相依的，傳統媒體在式微，但不會消失。惡搞與腥羶色的內容是從人性來帶動人氣，但一個品牌要走得長久並樹立價值，就不能以此為核心理念。媒體與藝人之間的誠信度很重要，要跟音樂人經營好的關係，讓他們願意信賴，媒體平台才能持續的有好的內容。

最後，媒體與音樂人要如何跟廠商三方配搭來讓彼此能永續經營呢？

異業結盟在心態上，要先知道廠商對於音樂跟藝人的各種版權（如肖像權、音樂版權等等）通常都不了解，且希望藝人能滿足行銷上的所有需求。

以下提供六點談判方式給大家參考：

1. 好迅速（有問題迅速回答，背後客戶每個要的都不同）。

2. 好方便（所有需求可以整合到一站購足）。

3. 好價錢（有彈性的價錢對客戶是另一誘因）。雙方都有誠意較好談。

4. 音樂／藝人與品牌都要保留一個雙方可以合作的彈性空間。

5. 跟品牌合作，是要解決／協助品牌在市場上的問題，品牌沒有義務要解決藝人的音樂市場問題。

6. 廠商看短期執行、長期效應。溝通時轉化成雙方都聽得懂的語言，例如三師一保（化妝師、髮型師、造型師、保母車）。

③ 新媒體對流行音樂表演者的影響

　　在音樂圈，我們需要有一種不怕失敗、被罵等等的精神，很多樂團慘敗後還是會捲土重來，我們可以從這些瘋狂的人身上學習。等別人來簽約，或是在街上表演等星探發掘也是出道的方法。但想要找出一條屬於自己的路，就要敢夢想與承擔風險才有可能到達。

　　因此在傳統媒體備受威脅的時代，我有些勇敢的學生，走出了自己的路。我想要分享一下他們的故事：

微電影BORN TO BOOM
主題曲創作人──**林昂熾**

　　我愛聽歌、愛唱歌的夢想是從高中開始萌芽的。高一開始練習寫詞、將作品投稿到唱片公司，也參與過幾回比稿的經驗。當年甚至仿效方文山，親自到唱片公司門口毛遂自薦，把自己的作品集結成冊拿給另一位崇拜的作詞人。雖然這幾次的嘗試都沒有下文，卻沒有讓我打消未來為華語流行音樂產業貢獻的念頭。為了能更進一步認識流行音樂和文化之間的關係，我修了好幾門相關的課程，如台灣音樂史、台灣流行文化、台灣文化創意產業等。並在升大四的暑假順利申請到唱片公司企宣部實習的機會，積累了與宣傳部和經紀部前輩跑通告、跑校園、參與好幾張專輯宣傳的經驗。

　　在流行音樂市場中，歌手發片後都會有一段「宣傳期」。幾年前，宣傳期大概有三個月之久，甚至更長。那時還沒有社群媒體，很多宣傳方式都是透過大眾媒體或是實體活動，像是簽唱會、簽名會等。之後擔任宣傳職務期間，漸漸發覺宣傳期越縮越短，緊接著隨著網路媒體興起、產業結構改變，近年來更是有越來越多實體專輯宣傳期不及一個月。過去在藝人通告表上排滿的電視、電台等傳統媒體節目，如今換成透過線上自媒體互

動，或是參加帶狀歌唱節目擔任常態性的選手及導師，反而對藝人的經營帶來更多效益。

過去行程密集的「唱片宣傳期」，在這個時代被打散成可以是無時無刻的「個人宣傳模式」。觀眾曾經會手握遙控器盯著電視節目，不喜歡則轉台。但現在大家卻是拿著手機或滑鼠在畫面中同時打開好幾個視窗，舉凡聆聽、閱讀、觀賞、購買，都是同步的。

因為網路媒體的興起，生活變得更豐富多元，但同時也說明了觀眾的注意力和時間都被切成更為細碎。身為表演者或是創作者，在新的時代除了要有產出好作品的能力外，更重要的是「持續」產出好作品，如此才有機會在倏忽而過的注意力中向觀眾傳遞訊息。

新媒體考驗著我們每一個得倚靠媒體生存的表演者，需時時刻刻思考著：自己希望表達什麼？除了既有的方式，還可以透過什麼不同形式表達？還可以在哪些平台展現自己？透過哪些資源分享方式與他人合作、為彼此搭建舞台？如何在多產的狀況下仍不失自我、能掌握住觀眾的目光又不落譁眾取寵？這就是現在歌手們要面對的課題。環境不斷改變，但我「為華語流行音樂貢獻一己之力」的夢想，從未改變。

馬來西亞瞇瞇眼甜心──Jia佩佳

　　從去年10月開始，我每個禮拜都會在自己粉絲團上推出一支Cover（翻唱歌曲）。這也讓我在幾個月內，粉絲增加了快2000個人。這些都是我沒有想到的成績。

　　會開始執行「一週一Cover」這的想法是因為想讓自己有多一些曝光的機會，靠自己的努力讓更多舊朋友、新朋友聽到我的Cover後認識我。

真的很開心也很意外，每個禮拜的Cover都得到很多朋友們的喜歡，也從中得到很多寶貴的建議，讓我受益很多。

　　每一支Cover的選歌都是我想對觀眾說的話和想傳達的心情故事。雖然每個禮拜都要交出一支Cover，但從不隨便選歌交差。每一支Cover都是發自內心，非常有感觸的。也因為這樣，常常會因為沒有靈感而遇到瓶頸。

有時候我會推出舞蹈Cover，但大部分都是改編翻唱Cover。我常常會把自己的心情故事改編寫進歌裡。譬如有一次，我把四葉草的《好想你》改編成《2016 謝謝你》，用這首歌為2016年做一個結尾，也藉此謝謝大家一直給我的支持和陪伴。這一段時間，我也發現比起其他的單純歌唱Cover，改編Cover是最受歡迎的。

🎧 如何製作自己的Cover呢？

通常，只要我選歌有想法了，一切就會很簡單了。

只要準備好歌曲後，我便會花一天的時間錄音，然後再用一天的時間拍攝加剪片。我沒有特別專業特別屬害的錄音設備，我只用一台Apple筆電和一副Apple耳機來錄音。完成錄音後，我會再利用一天時間拍攝Cover的MV，然後再用剪輯影片App，例如iMovie或是小影來做影片的後製。

🎧 凡事只要多練習，就會越做越好

我的第一支Cover錄得沒有很好，因為當時還在摸索如何錄音、如何拍攝、如何剪片、如何製作MV。但經過不斷練習、不斷操作後，真的很明顯越做越熟練，Cover拍攝也越來越自然。

不只在製作Cover這件事，其實很多事情都一樣，開始總是最難。但

只要開始了，不放棄努力學習，一切都會越來越好的。

🎧 如何與粉絲互動

我通常會在Facebook粉絲團或Instagram上，發布照片影片的動態來與粉絲保持聯繫。藉由這些動態來更新自己的近況。這樣如果有任何演出或活動，粉絲們就可以輕鬆得知。

除此之外，最近也開始在不同的直播平台上固定時間開直播。在直播上與粉絲朋友們聊天互動，也會唱歌彈琴與大家分享音樂。

我覺得直播真的是一個與粉絲交流的超棒大平台。只要有一台手機，就能走到哪播到哪，輕鬆跟大家連線互動。

🎧 對我來說，與粉絲互動最重要的就是「真心」

對待每一位粉絲我都絕對的真心。而我相信「真心」是可以感受到的。一直都覺得自己很幸福、很幸運，在還沒有出道之前就有很多真心喜歡與支持佩佳的粉絲朋友。希望未來也可以一起走下去。

嘻哈偶像男團──BOi！

🎧 在網路時代，作品被取代的速度加快了！

翔永：雖然我們還是偏向線上藝人走的模式，像是培訓出道、上節目打歌、宣傳。但現在網路時代就有些不一樣，我們會選擇比較快速的模式曝光，例如上很多的直播節目做宣傳，而且現在發表歌曲的頻率要很高，但相對的作品也會很快就被刷下來、被洗掉及取代，跟過去比起來，觀眾對於一個新作品已經比較不會有很大的期待感。身為藝人會有經紀公司的資源或是唱片公司的做法，那要如何在現有的操作下結合新的東西，然後發展出不一樣的火花呢？因為時代的確在改變，越來越少人會看傳統媒體的電視，而選擇看直播節目或新媒體上的影片。所以在這樣的網路時代，**我們也一直在找尋最適合傳達自己的方式。**

信維：我能感受到玩音樂、愛音樂的人越來越多，有些人也許沒有受過真正專業的訓練。他的作品主題可能很鮮明、很好笑，或是反映社會的時事，與觀眾有很大的共鳴，也許這個人可能就突然爆紅了，但相對的也很容易消失。觀眾反而不會真正的從音樂角度上去思考這首歌好聽嗎？他唱得好嗎？反映的論點是客觀的嗎？不會去顧慮這麼多的反而會紅，因為只要你夠好笑、夠幽默、夠好玩並有足夠的廣大粉絲數就能成為藝人，這在

網路上是很普遍的。但對我們而言籌備是很重要的，成為歌手的過程非常漫長，需要從談話談吐、歌唱訓練、舞蹈上課、表情培訓等等培養起。並不是說網路上的紅人沒有努力，但我覺得我們努力的方向有點不一樣。在網路盛行的時代，當不同的作品不斷被推出時，音樂的品質已經不見得會被擺在第一了。

🎧 從網紅身上學習到的：想到就去做，迅速將想法付諸行動！

翔永：我覺得網紅竄起、有大量作品在線上快速誕生是一個很好的刺激，他們很棒的一點是非常努力。當網紅有了新的想法就會快速實踐，但是相對的我們可能就會考慮比較多，第一個反應會是想一想對我們的形象好不好？對觀眾會不會帶來不好的影響，畢竟藝人的一舉一動都會被放大，嗯……網紅比較不會想那麼多吧，他們會很快地去完成想做的idea，我覺得這是我們可以去學習的地方！

信維：還有一點，就是他們的題材很貼近民眾，共鳴度很高，會讓觀眾感受到他想做的事跟想表達的理念。這就是我們之間滿大的差別。當我們想

要賣一項產品、想要批判某件事情時，可能需要較多的修飾、美化，或是層層包裝後讓整件事變有趣、變得比較正向一點。我們會覺得公眾人物是需要把正面能量帶給大家的，這也是我們的責任。但網紅相對的比較做自己，時常表達自己最直白的意見，我覺得這是兩者的差異之處。

翔永：但其實我覺得網紅和藝人某方面來講並沒有太大的差別，有些網紅私底下也是訓練很久、唱歌一段時間才有了作品。就某個角度上來說，我覺得我們是站在同一條線上的，只是做法可能不太一樣。藝人會有一個責任是代表台灣這個娛樂圈文化，那我們就一定要做得更好，讓自己變得更棒。而不是一味模仿網紅在做的事情。我覺得他們在做的事是新世代很棒的娛樂文化之一，但是我們更想要做的事，是如何將台灣的文化推廣出去，並且讓大家覺得台灣的音樂質感是很好的。

∩ 身為創作者及表演者，必須要求品質並尊重專業！

翔永：許多人不尊重專業讓我覺得不太妥當，因為台灣有太多人才需要被重視。就像當我專心研究編曲和作曲一陣子後，我會思考如何把我該有的專業做到最好、去向身邊的前輩們學習，努力完成一件身為音樂人值得驕傲的事。

信維：早期翔永還沒開始做編曲時，我們作品以cover居多，若只單單唱它原本的樣子時，久了就開始覺得無聊了。所以我們要求自己要有**更多的原**

創性，當我們涉獵的範圍、聽的音樂更多更廣，相對的就會更要求自己的作品。尤其是你開始跟厲害的音樂人一起工作，發現他們是多麼用心在做每一首歌曲甚至細到每一個音時，這就會讓我們大大反省自己的不足。現在的我們會一改再改，改到滿意為止，應該說這是自己目前成長最多的地方。這也是為什麼我們一直以來喜歡嘗試做不一樣的東西。

🎧 在迷惘中的體悟：確立目標，勇敢嘗試，努力堅持

翔永：我之前會有點迷失，覺得什麼都要去嘗試，像上節目也有男扮女裝過，曾經認為要先找到一個方式紅起來再發音樂作品才會有人去聽。的確，很多人都是用這種方式，但是當我開始越來越認真鑽研做音樂時才發現，創作是件很複雜很深的事情，真的需要花很多時間去研究。

信維：因為我們真的很喜歡音樂，即便我們想要做搞笑的東西時，我們也會優先考量能不能把它做得好聽、但歌詞內容很搞笑，或是在拍MV時我們可以演得很有趣。但……好不好聽絕對是第一標準！就我觀察到的，在網路上很多東西不見得好聽但卻很爆笑，只要夠無厘頭就能得到非常大的關注度。

翔永：我自己現在也還在調適當中，我還是覺得要做自己，要是我真的可以做這行的話，那大家會接受我原本的樣子。偶爾又會考慮到社會是滿現實的，有時候還是應該有點彈性，像有些香港有名的藝人早期也會扮

醜搞笑，但我覺得這過程中說
不定可以學到不一樣的東西，
所以我們算是沒有什麼偶像包
袱……（笑）。都嘗試過後就
會更清楚自己想要做什麼、喜
歡做什麼、該做什麼。像我知
道自己搞笑也沒比別人好笑多
少，自然而然就會再找別條路出來。我覺得一定要**不斷地嘗試**。

信維：現在的聽眾族群愈來愈專業，你真的要夠努力、準備好，拿出說服
得了自己的作品再端上檯面給大家聽，我覺得這才是專業和負責任的態
度。就是**一定要準備好！**

翔永：我覺得要對自己的目標很清楚。過程中絕對會出現很多分岔、不一
樣的路，但你的選擇永遠是朝向目標的。無論如何都要保有這種心態：不
要放棄想抵達的那個目標。如果只是一味地為了當下要的成果，就會容易
迷失掉自己。

信維：「**堅持**」是一件很重要的事情。假設你很喜歡音樂，你就一直去
做。剛開始一定會很難聽，我現在聽我初期寫的歌也覺得歌詞亂寫一通、
完全沒有邏輯。但我覺得這就是過程，你當下不會這麼覺得，只會覺得好
像很不錯，滿好聽的，但再過一、兩年回來看才知道原來你成長了，原來
你變強了。像這些都是要堅持做才會發現的。如果就是半調子，心血來潮

才想到去做、半年才做一首歌，那進步幅度一定是很慢的。

🎧 投資自己，成為不可取代的那個人！

翔永：我對懷有歌手夢想的讀者有一個建議，就是不要盼望別人做任何事情！像以前我們年紀比較輕的時候會覺得公司應該為我們做什麼、公司該幫我們包裝成什麼樣子，但是從公司的角度思考時，就會反問自己為什麼公司要幫你做這件事情？如果自己都沒有任何表現時就要求這麼多。當這樣去想時，就會開始問自己為公司帶來了什麼？因為經紀是雙方的，不是說單方的應該要為誰做什麼。大家可能都看到很表面的東西，但私底下卻不知道這個人付出的有多少。所以永遠不要盼望別人幫你做任何事情。

信維：身邊有些在其他經紀公司旗下的朋友，常問我說公司怎麼都沒有幫他們做準備？但這個出發點本身就是錯誤的。當公司覺得你的資質不錯把你簽下來後，你應該要百分百的努力然後變得更強，等到公司要你表現時，你就已經是準備好的狀態了，當公司看到實際的付出才會想更加投資你，想要幫你做些什麼。現在常發生的花瓶效應就是很多人覺得

自己好像挺帥、挺美的，有了經紀公司就會一路順遂，事實是完全不會！

翔永：成為一個別人無法取代的人，讓公司裡非要你不可。像伊林雖然有很多的藝人跟模特兒，但要明白自己在公司裡面，你能做到什麼別人做不到的事？找到後就好好專攻那項功夫。你要把自己打造成是一項產品。沒辦法輕易被取代的商品。

信維：像以我跳舞為例，我舞齡算久，以前在當模特兒時就很認真跳舞，我當時也沒有想太多，只因為跳舞讓我很開心，也常常出去比賽，久而久之變成我的一項技能。像伊林都會定期開模特兒大會，希望大家定期地表現自己的才藝，記得當初也有滿多人和我一樣表演跳舞，但很多人的準備是臨時的。後來公司告訴我說，跳舞就是我比別人厲害的地方，那時我才意會到堅持的重要性。當我時時刻刻都準備好，從那次之後，公司有跳舞的case或是哪一場秀需要freestyle一下，自然而然我就會在選擇名單裡，這樣的我不就在公司有了無法被替代的部分嗎（笑）？

🎧 缺乏資源反而養成了正確的態度

翔永：我覺得網紅現在會那麼成功的原因主要是他們沒有公司幫他們做太多的事，他們來自一個心態就是我要自己去完成某件作品，因為沒有人會幫忙完成，只有他自己才有辦法去做。有這樣的態度就會有很大的動力，不像很多有公司的人只等著要公司幫忙、一起合作才可以辦得到。我覺得

網紅有一個很棒的優勢，就是他們一開始的心態很正確，因此能朝著前進的方向一直走下去。

🎧 和粉絲若即若離才是最好的距離？

信維：我們一直以來和粉絲關係比較像朋友，這也是公司對我們比較頭痛的地方，因為我們跟粉絲真的太好了，沒有距離感。

翔永：他們常常會笑我們、嗆我們，但我知道那是在開玩笑。

信維：我們都會叫他們KiDZ，很多人是從我們默默無名還在訓練時期就跟著我們跑校園、送東西給我們吃，到現在有了一點點小成績，真的都要很感謝她們。所以有時候她們跟我們一起跑通告，在活動現場等我們，時間狀況下允許的話，我們會盡可能地滿足到每一個人。有些人千里迢迢等很久就是為了合拍一張照片，對我們而言都是很直接的支持。我們是真心在對待他們、更喜歡聽他們的意見，因為那些反應都是最直接、最明確的，得到這些回饋會讓我更有動力去改變、然後加強自己。

翔永：其實很多網紅對粉絲也很好，像朋友一樣，我有一些網紅的朋友都非常親切，也都會定期地回覆粉絲留言。但我覺得保持點距離還是需要的，原因是我們不希望他們太focus在我們身上，而沒有好好照顧到自己的生活。

🎧 再把夢想放大！給自己更多願景

翔永：我希望BOi！在30歲前可以達成唱進
小巨蛋的目標，之後可以將我們的音樂推廣
到國外，讓國內外都覺得台灣音樂可以很
棒。就像韓國音樂成功的打破了國界的牆，
背後一定也是花很久的時間跟努力。韓語歌
曲可以在歐美流行是多麼酷的一件事！像江
南style可以上到Ellen Show、各大歐美演唱
會上表演。中文是世界上很多人會使用的
語言，但是為什麼華人卻很難做到這件事？我們會反想自己該如何才能做
到這樣的目標？不僅僅是台灣、也渴望世界的大家都可以喜歡我們做出來
的音樂作品。我覺得**當你達到某一個自己設定的目標時，就要有更大的目**
標，然後再有更大的目標（笑），這樣人生才會過得比較有意義吧！

🎧 一路上有沒有感動到誰？

信維：感動到家人還有一些朋友。對家人來說，我好像真的長大了，他們
看到我的努力都很感動。最感動的時候是演唱會上我唱《阿嬤的話》，阿
嬤、媽媽、阿姨、表弟們都哭了，阿嬤有說他感覺到我不一樣了。這首歌

原本是阿嬤希望在她喪禮上唱的歌，但她沒想到有一天我會真的當歌手、然後在大家面前唱給她聽，真心表演就能傳達內心。其實那時候在台上看到他們哭的時候，我自己也差點落淚。我覺得這就是音樂很神奇的地方。

翔永： 粉絲，他們會傳訊息來說某首歌很鼓勵他們。像是他們要考試、很迷失的時候就會聽《HERO》，會跟我說：「謝謝有這首歌在我低落的時候鼓勵我」。

信維：《HERO》這首歌是在說夢想，有很多人包括我自己也是，在年輕求學階段的時候，其實根本沒想過自己的夢想是什麼。有一些粉絲會跟我們說因為聽完《HERO》之後，開始反問自己的夢想是什麼，才發現自己原來當初是有夢想的，但種種原因，可能覺得麻煩、不可能、或家裡沒人支持這個夢想，所以把自己的嚮往擺在一邊。現在因為我們的關係，他們願意去找回自己的夢想，然後去努力、去實踐。曾經有個女孩很喜歡舞蹈，但因為家人覺得跳舞很浪費時間，她跑去打工，放棄自己的興趣。但某個機會下聽到我熱愛跳舞的故事，她重新思考人生，選擇做她真心喜歡的事，重新參加了徵選，更錄取了成果展的表演機會，並且特地傳了訊息跟我說她變得更好了，謝謝。從來沒想過自己可以這樣鼓舞一個人，覺得很感動。

翔永：我哥滿感動的吧。我從10歲時就說我一定會回台灣（當歌手），他都覺得我在開玩笑。直到16、17歲開始存錢要飛回來的時候，他才知道我是認真的，開始支持我、鼓勵我去試試看。去年發片的時候他有說很為我驕傲，希望我可以繼續努力。到現在即使很多年過去，他沒有懷疑過我做不做得到，也從來沒叫我放棄過，謝謝他一直不變的支持和鼓勵我。滿感恩的。

🎧 創作的靈感來自於？

信維：靈感來自於生活周遭、時事新聞、感情經歷、當下的感覺。

翔永：我慢慢不相信靈感這件事，雖然靈感是存在的，但是必須要有一個點去啟發它。很多人會覺得要等靈感來，但我覺得如果你都在等靈感，你會永遠都在等、永遠不會做。對我來說是要先去做，可能是一天的十分鐘或是一小時，一定要先有一個起頭，靈感才會來。

🎧 目前覺得自己哪個部分不足而需要補足加強？

信維：太多了，跳舞與唱歌都要再加強，念書、聽歌、看MV……都要再多一點。總之，我們這幾年在做的事情，今年就是要繼續做。要一直去做讓自己變得更強，沒有什麼地方是足夠的。

翔永：Everything。

🎧 有想過歌手這條路會走多久嗎？

信維：真的沒特別想過要到哪裡，走到公司請我離開為止吧哈哈。除非出現更想做的事情才會停止。但在那件更想做的事情出現之前，我也會先做到當歌手這件事沒遺憾才有可能。

翔永：沒有Plan B。沒有，真的不知道自己會做到哪裡。

如何定位直播節目方向與內容置入的策略

直播的優點在於即時、互動與生活化。但如何讓粉絲能夠長期的收看，是永續經營以及製造獲利的關鍵。因此接下來我們要給大家一些範例，教大家如何從發想、規劃到執行一個直播節目。

① 如何寫直播節目企劃書
（以「聲創教育坊」節目為例）

（一）節目願景及目標

1.願景：當未來大眾討論到歌唱教學，就會聯想到聲創品牌、聲創直播節目。

2.目標：

（1）增加節目觀看次數。

（2）增加每集來賓粉絲團人數。

（3）增加聲創教育坊客源（包括學生、業界、廠商合作）。

（二）節目簡介

　　節目是由全台最專業的歌唱教學品牌「聲創教育坊」經營的線上直播音樂節目。每週會邀請歌手來賓現身分享歌唱祕訣，「聲創教唱導師」蔡宛凌也會在節目中傳授歌唱技巧，並由歌手來賓為觀眾作示範。觀眾更可以在直播留言區提出關於歌唱的問題，導師會在節目上為各位解答。期許讓喜愛唱歌的觀眾可以在這裡看到夢想被實現，並燃起自己的「歌唱魂」，開始投入學習把歌唱好，實際為歌手夢想付諸行動。

（三）節目定位、宣傳重點

1. 全台最專業、曾培訓過星光幫的歌唱教學品牌。
2. 將宛凌老師定位為節目及教育坊的大家長、教唱導師。
3. 每週有「歌唱教學主題」讓觀眾學唱歌。
4. 節目每週有歌手擔任來賓。
5. 來賓分享自己的歌唱祕技訣竅。

（四）目標族群

1. 有明星藝人夢想者。

2. 想鑽研歌唱技巧者。

3. 想讓孩童培養才藝的家長。

4. 業界唱片公司、經紀公司、音樂製作公司。

（五）觀眾預期心理及傳遞資訊

1. 知道聲創是一個專業訓練歌唱的品牌。

2. 願意每週鎖定節目，就可以學習歌唱技巧（並創造觀眾期待下週教學主題）。

3. 認識歌手嘉賓，引導觀眾到粉絲團按讚支持。

4. 了解實際課程會依個人狀況，學到更多節目上沒學到的（創造報名動機）。

5. 讓觀眾意識到實際來聲創學習和訓練，就有上直播節目、獲得舞台演出的機會。

6. 讓業界知道可從節目中尋找新聲音，或將簽約新人帶來培訓。

（六）每週節目規劃（以聲創教育坊培訓出的藝人學生為首要邀請對象）

聲創教育坊節目規劃				
日期	教唱主題	嘉賓	任務	獎品
8/11（四）	新人BOi！報到	BOi！	猜紙牌	簽名照
8/18（四）		Jia佩佳		馬來西亞來的禮物、體驗券
8/25（四）		伊林 — 郭曉曉		
9/01（四）		高凱莉Kelly		
9月		跟著聲創遊世界（香港2集、以色列2集、澳門1集）		

（七）需協助配合事項

1. 請宛凌老師每週提供下週的教學主題、嘉賓，以便做預告規劃。

2. 建議下臉書貼文廣告（針對不同族群分不同課程，如兒童、一對一等）。

3. 建議下臉書形象廣告（針對聲創教育坊品牌）。

4. 在聲創臉書公布每週預告節目內容（讓粉專固定有新貼文、也讓從廣告點入的新進客群知道有直播節目）。

5. 建議錄製30秒／60秒聲創形象影片（下網路廣告用，可帶直播節目畫面相輔）

（八）如何與其他節目互相串連（以「一週一Cover」為例）

1. 主軸：展現兩位主持人的主持魅力和音樂，每週的重點為歌曲表演、粉絲任務互動。

2. 每週任務目的：讓粉絲幫忙「再分享」「再宣傳」主持人，方式為分享MV，或標記主持人的粉絲團、新歌名稱（任務需簡單達成）。

3. 兩個節目互帶方式：因為前面一小時的聲創教育坊節目有主題教學，一週一Cover可在節目上現學現賣剛剛看直播學的歌唱技巧，也可向聲創喊話，希望可以學到什麼東西？聲創也可針對上一週的一

週一Cover演出回應、和觀眾用專業角度說一週一Cover某個段落為什麼唱這麼好聽？是因為使用了什麼技巧？ 以增加兩節目觀眾彼此交流的機會。

4.「一週一Cover」節目規劃：

「一週一Cover」節目規劃			
日期	任務	獎品	備註
X/XX（四）	分享MV（從主持人粉專貼文分享），並留言「已分享」	簽名拍立得	1.小編現身互動 2.請粉絲提出創意拍照動作

（九）品牌競爭對手分析

聲創的相較優勢：

・唱片公司、經紀公司合作對象→舞台機會多、資源多

・發片前的歌手會被公司送來上課→歌唱專業已受業界多年肯定

・從素人培養為發片藝人→唱歌夢想已從無到有被實現過

② 直播節目腳本範例
（聲創教育坊直播節目流程及訪綱參考）

直播主持必須注意的重點：

1. 直播節目人潮是流動的，重點是一直有梗吸引人，讓藝人特色能完全發揮，並且宣傳到節目與活動。

2. 主持人要不斷重複說明邀請粉絲進入互動的遊戲規則。

3. 主持人必須讓線上觀眾感受到藝人與他們面對面互動，一起玩有獎品的遊戲。

4. 主持人的提問重點在於代替粉絲問出他們想知道的回答。

5. 重點提示稿非常重要，不但能避免主持人叫錯來賓名字，還能快速與來賓熟絡。

以下提供直播腳本範例：

播出時間：201X. X.XX（四）19：00~20：00

播出平台：「SuperLive」臉書粉絲專頁（台灣）、「在直播」（大陸）

主持人：蔡宛凌老師

來賓：BOi！

（一）臉書貼文文案

華語樂壇最新最夯的嘻哈男團 #BOi！ 來聲創報到嘍！

擁有羨煞眾人的外表身材，還具備超強的音樂才華和舞技～

看BOi！這兩個大男孩如何在時尚和音樂之間遊走，震撼你的視覺

及聽覺！

任務：

1.按讚並分享本直播影片。

2.留言回答猜猜BOi！在A、B、C哪一張紙牌後面？

就有機會帶走「BOi！親筆簽名海報」「聲創教育坊課程體驗券」！

華語樂壇嘻哈新品種‖ @BOi！陳信維X王翔永

歌唱夢想從這裡出發‖ @我想把歌唱好VAC聲創教育坊

聲創教育坊每週四晚上7點直播節目都有驚喜嘉賓登場，

記得收看唷！

（二）節目流程參考

主持人開場、介紹來賓

⇩

歌曲表演1

⇩

遊戲規則說明（第一次廣告時間）

⇩

信維自我介紹＋個人表演跳舞

⇩

翔永自我介紹＋個人表演饒舌

⇩

遊戲再次說明（第二次廣告時間）

⇩

歌曲表演2

⇩

閒聊、可參考訪綱回答問題

⇩

開放粉絲QA時間

⇩

公布遊戲答案

⇩

主持人Ending

（三）遊戲互動方式

A、B、C三張牌其中一張為「信維＋翔永」，猜猜是在A、B、C
的哪一張牌，就有機會帶走好禮。

◎流程：

1. 請來賓先將三張紙牌秀給鏡頭看，讓觀眾知道哪一張是有Boi！
   的圖像。

2. 蓋起來後洗牌，再將三張牌分別放在手板上的A、B、C位置。

3. 請觀眾猜剛剛那一張Boi！牌在三格當中的哪一格？

◎獎項：

1. 親筆簽名海報。

2. 聲創教育坊課程體驗券。

◎道具：

1. 三張BOi！紙牌（其中一張有【信維+翔永】）。

2. 手板（上面畫A、B、C三格可放置紙牌）。

（四）訪問題綱

◎你們的團名「BOi！」，這個名稱是誰取的呢？有什麼涵意嗎？

◎你們最新推出的單曲〈甩了〉想傳達什麼樣的理念嗎？在錄音、拍攝MV過程遇到最有趣的事情？

◎從模特兒跨界到嘻哈音樂，為什麼會有這樣的契機？在這個轉換過程中有沒有遇到覺得困難的事情？

◎信維擅長舞蹈，平常喜歡跳什麼類型的舞？可不可以現場solo一段給粉絲看看呢？

◎翔永19歲前在美國成長，是什麼契機讓你決定回台灣、踏上音樂這條路？回台後投demo時的心路歷程？

◎在發片記者會上，麻吉大哥黃立成現身站台。談談身為「嘻哈前輩」的他是否對你們的音樂產生什麼影響？他有親自向你們傳授什麼招數嗎？

◎最近在「Boi！餓人組」節目中，邀請一些來賓並介紹了美食作法，你們也自己做了巧克力送給粉絲，像這樣親自下廚做點心，覺得自己是「新好男孩」嗎？你們心目中的「新好男孩」應該具備什麼特質？而自己身上也有的呢？

◎成軍以來的一年中，經歷過大大小小的舞台演出，有沒有做過最新鮮的事情？或是讓你們印象很深刻的經驗？

◎之前BOi！上過宛凌老師的歌唱課，你們在上課過程中印象最深刻的事？得到最大的收穫是什麼？

◎接下來有什麼活動？粉絲如果想了解你們，在哪裡可以得到你們更多資訊呢？（提醒觀眾到聲創、BOi！兩個粉絲團按讚）

（五）重點提示稿

◎團名BOi！是由兩位團員共同取名，其意為期許自己常保一顆男孩般的赤子之心、堅持夢想，其中還有個驚嘆號的巧思，說明了他們的音樂+舞蹈+創作將帶給樂壇新鮮的驚喜，同時！和i互為顛倒圖形，表示兩位團員擁有截然不同的性格。

◎首波主打MV〈甩了〉已在上週首播，傳達現代人太仰賴手機，反而被限制住，呼籲大家能「甩了」手機成癮的習慣。

◎募資計畫：介紹PressPlay這個募資平台，並說明為粉絲舉辦「BOi！嘻哈派對演唱會」的夢想。

◎團員簡介：
陳信維Cuzy：擁有堅強舞蹈實力，以填詞寫出人生態度。
王翔永Ever：擅長寫詞編曲，音樂創作性高。

③ 開播前注意事項

（一）若您是個人想要開始一個直播節目，
我們也提供一個簡單版的**SOP**供您參考。

0-3 分鐘	開場介紹
3-5 分鐘	以笑話或送禮物破冰（目標是吸引觀眾能夠在節目中停留）
6-28 分鐘	節目的第一段主題（這段是整個節目的主軸）
29-33 分鐘	笑話時間＋閒聊（直播最重要的是與觀眾的互動並回答留言）
34-57 分鐘	節目的第二段主題（最好是原訂內容+觀眾回應下產生的即興內容）
59-60 分鐘	收尾（預告下一次的內容與回饋今天線上參與的人）

（二）開播前**30**分鐘：

1. 拍照上傳至個人Facebook預告節目內容。

2. 標記對這次直播內容會有興趣的相關朋友與合作的串聯平台。

（三）開播前**3-5分鐘**

1. 準備器材：兩個攝像頭（手機/平板/電腦），關閉其他App或其他裝置，避免占頻寬，影響播出流暢度及穩定性。
2. 手機轉飛航模式，開Wi-Fi。（若是外景，4G穩定性會較Wi-Fi高）
3. 勿接聽手機電話，以免斷線。

（四）開播時

1. 鏡頭（iPhone訊號最穩）：
   （1）第一攝像頭（ 在直播 ）開啟直播，輸入本集直播標題（建議15-20字）。
   （2）第二攝像頭（ Facebook ）輸入直播主題＋節目重點＋本集任務（活動）＋標記「主播（或經紀公司）粉絲專頁連結」（@主播（或經紀公司）粉絲專頁連結 ）。

2.開場：

　　（1）前2-5分鐘是第一波上線人潮，之後要靠分享轉貼衝人氣。

　　（2）兩分鐘內主播打招呼介紹，並說明節目流程，充分與粉絲互
　　　　動。

　　例：感謝XXX送金條、感謝XXX按讚。

3.回答粉絲問題。

　　當然，科技不斷在更新，所以在節目中運用的方法也會日新月異。

　　但人與人之間不變的是關係。所以一切的內容與規劃還是要從人性出
發，從需求產出，才能服務到每個觀眾。

網紅歌手養成術

在**《我想把歌唱好：一本沒有五線譜的歌唱書》**中，我們會發現，快速學會一首歌的祕訣，在於學會歌曲分析的祕訣。而且舉凡所有唱歌的問題，其實都跟肌肉、用氣、共鳴有關係，因此在成為網紅歌手前先建立完整的歌唱概念，其實非常重要。

所以接下來我們就要透過「建立正確的歌唱觀念」「練習實用的歌唱技巧」與「容易練歌的歌曲分析」這三個步驟來幫助即將出道的你。

① 建立正確的歌唱觀念

首先，我們要對樂器的結構，也就是我們的身體有個初步的認識。

身體重心的中心軸是「脊椎」，發出聲音的器官是「聲帶」，跟呼吸相關的肌肉是「橫膈膜」。因此劃分出：「共鳴區」「用氣區」跟「肌肉區」。

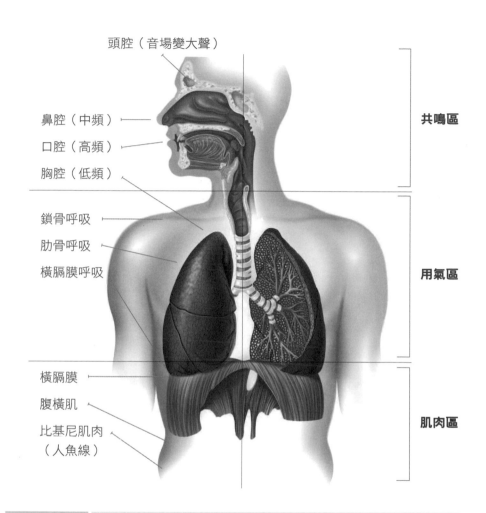

頭腔（音場變大聲）

鼻腔（中頻）

口腔（高頻）

胸腔（低頻）

共鳴區

鎖骨呼吸

肋骨呼吸

橫膈膜呼吸

用氣區

橫膈膜

腹橫肌

比基尼肌肉
（人魚線）

肌肉區

共鳴區	像是音控台的高頻、中頻、低頻一樣，讓我們的聲音可以在不同的歌曲中展現屬於自我的特色。
用氣區	使用肌肉與氣息的平衡，讓我們無論在快歌或慢歌中都能找到讓每個音符串連的張力，與不斷演唱的續航力。
肌肉區	是唱歌說話時力量的來源，也是唱高音與長音的關鍵。因此知道如何有效地訓練呼吸肌肉群，就能讓我們善用腹式呼吸來唱歌。

② 練習實用的歌唱技巧

（一）共鳴區

　　共鳴的定義，是在一個空間當中產生的鳴響，因此身體裡有空間的地方才能產生共鳴，只有骨頭（密度高的）才能產生共振。

　　通常我們在講話的時候也會使用到共鳴，因此共鳴並不一定是要在刻意的情況下才能使用，而且每個人都有自己天生擅長的共鳴。但善用共鳴的轉換，就是一種技術，這是讓我們能演唱不同曲風歌曲的關鍵。

　　古典跟流行唱法最不同的地方，其實也是在共鳴的使用。

　　唱流行歌的時候，因為麥克風的收音範圍是90-180度，因此我們共鳴的使用會集中在前方的共鳴。

　　當我們唱聲樂唱法的時候，我們要讓整個身體成為共鳴腔，而讓聲音可以因為全身的共振而擴大音量，故唱法上會非常的不同。

　　因此學會如何掌握共鳴，就可以找到自己聲音的辨識度，以及明白如何選擇自己合適的歌曲。

　　以下的示範照片，就是讓我們找到身體共鳴腔的位置，讓我們透過共鳴帶動的共振，來確定發聲的位置。

1.唱出渾厚音色的祕訣—胸腔共鳴

什麼是胸腔共鳴呢？
顧名思義，將你的手放在胸口，唱出低音。直
到你找到可以讓胸骨震動的頻率，就是所謂的
胸腔共鳴。

舉例來說：黃小琥、洪榮宏、搖滾歌手、男低
音，當他們發出渾厚的聲音時，都是在使用胸
腔共鳴。

所以你可以試著安靜下來，閉著眼睛唱一首
歌。你可以試著把手放在胸口，當唱到低音，
感覺胸口在震動的時候，你就是在使用胸腔共
鳴。

2.唱出可愛娃娃音的祕訣—口腔共鳴

通常口腔共鳴在唱快歌時特別會用到。善用口
腔共鳴，可以讓我們的咬字更清晰、聲音更清
脆，而且在唱快速音的時候力量更集中，因此
拍子可以唱得更精準。

舉例像：蔡依林、瑤瑤、郭采潔、郭靜等甜美
可愛的聲音，都是典型善用口腔共鳴的歌手。

一般人會誤會口腔共鳴＝用喉嚨唱歌，因此是
不好的發聲法。但其實我們發出聲音本來就會
用到喉嚨啊！故學會調和其他的共鳴，並搭配
上肌肉練習與用氣的方式，才是讓習慣使用口
腔共鳴的人，能發揮自己特長的好方法。

3.流行歌最常用到的共鳴—鼻腔共鳴

鼻腔共鳴指的不是力量完全鎖在鼻頭,像是鼻塞一樣的哭腔。而是指讓聲音集中在鼻咽腔,讓高低音能順著鼻咽管自由地上下,輕鬆唱出寬廣音域的歌曲的共鳴位置。

像是最近很紅的鄧紫棋、林俊傑,都是典型善用鼻腔共鳴的歌手。

這個技巧可以幫助我們更容易控制音準,也幫助我們在轉音時更能駕馭各種的音型。

4.唱高音的必殺技—頭腔共鳴

頭腔共鳴通常分成前頭腔共鳴與後頭腔共鳴。

(1)前頭腔共鳴
幫助我們的聲音可以更清亮,音色可以更柔軟,可以與氣音一併使用,來增加聲音的層次。

(2)後頭腔共鳴
打開軟口蓋,幫助我們找到較有空間感的聲音,讓我們的聲音可以更圓潤。

5.共鳴全開的發聲練習

這個姿勢幫助我們回到像在媽媽肚子裡放鬆的
身體，而讓我們的聲音可以使用到每個共鳴。

（二）用氣

　　氣息控制會直接影響到樂句的完整度，因此我們要認識呼吸分為三種
深度。

　　鎖骨呼吸—適用於快速的換氣，短時間
將空氣吸入，適用於偷氣與短的句子。
　　肋骨呼吸—睡眠時的呼吸，胸口自然的
起伏，其實就是肋骨呼吸。
　　橫膈膜呼吸—橫膈膜呼吸是指深度的呼
吸。當整個肺葉吸滿，背部肌肉延展。

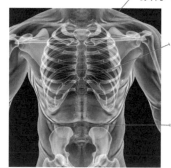

鎖骨呼吸

肋骨呼吸

橫膈膜
呼吸

聲音投射

呼吸的深淺決定了氣息的容量，而聲音投射的位置，則決定了氣息的用量。就像你對一個人講話以及對一群人講話，身體需要給的力量是不同的。

舉例來說，你可以參照上面的三張圖，雙腳與肩同寬往前跨一步，手臂打直，手指指向遠方往上提，如圖❶，來感受講話的聲音變高，並且變大聲。再試試圖❷、❸的位置來體驗聲音投射在不同的高度時，音量與音色的變化。

因此對越多人講話，要將發話的仰角設定越高，因為用氣投射的仰角也會帶動共鳴使用的位置。

（三）肌肉訓練

當我們學會鍛鍊以下兩組肌肉群，就可以找到聲音的支撐點。

腹橫肌的鍛鍊
（用小叮噹的手勢找到肌肉施力的方式）

唱慢歌的時候，可以使用這個姿勢，試著每次換氣的
時候都用腹橫肌的力量把拳頭往外推。這個練習可以
幫助我們找到唱長句子的時候，肌肉施力的方式。

橫膈膜肌肉鍛鍊（快速短呼吸）

唱快歌的時候試著用這個姿勢先唱跳音，唱每個音的
時候都把右圖中大拇指的位置頂出去。用這個位置來
找到讓每個音唱飽滿的方式。

③ 容易練歌的曲式分析

（一）用聲音表情打造個人聲音特色

演出時選歌，其實跟選鞋子一樣重要。

就像是打籃球穿高跟鞋，不是喜不喜歡高跟鞋的問題，重點是這樣在球場上容易讓自己與隊友受傷。

選歌也是一樣。選對屬於自己的歌，能讓自己獨特的唱腔與特色展現。在團體中，選對歌曲才能讓大家音域和音色的專長有所發揮。而在選對歌曲後善用聲音表情，就更能發展出自己詮釋的風格。

（二）如何分析歌曲語韻

（參考《我想把歌唱好：一本沒有五線譜的歌唱書》的子母音分析）

打勾勾 好不好 詞曲/Jia佩佳、Boi！王翔永、陳信維

A-代表第一段歌詞，B-代表橋段，C-代表副歌

A1

不知該如何寫起　這旋律卻響起
注音符號　　　ㄑㄧˇ　　　　　ㄑㄧˇ
漢語拼音　　　q i　　　　　　　q i

喝著可樂也覺得微醺　我一天天在想你
　　　　　　　　　　　　　　　ㄋㄧˇ
　　　　　　　　　　　　　　　n i

A2

第一次我和你相遇　我也沒有 那麼喜歡你
　　　　　　　　　　　　　　　ㄋㄧˇ
　　　　　　　　　　　　　　　n i

我們都保持了距離　卻還是走進彼此的心裡
　　　　　ㄌㄧˊ　　　　　　　　　ㄌㄧˇ
　　　　　l i　　　　　　　　　　l i

C1（佩佳＋翔永）

我們打勾勾 好不好　説好不能在一起
ㄑㄧˇ
qǐ

這是我們的約定　可惜你卻忘記
ㄉㄧㄥˋ　　　　　ㄐㄧˋ
dìng　　　　　jì

C2（翔永）

我們打勾勾　好不好　就算不能牽著你
ㄋㄧˇ
nǐ

那些屬於我們一起的回憶　答應我 不會忘記
ㄧˋ　　　　　　ㄐㄧˋ
yì　　　　　　jì

A2

回想那時衝動做的決定
ㄉㄧㄥˋ
dìng

你想的　你要的　你值得的快樂　我以為我能緊緊將你抱著
ㄓㄜ˙
zhe

隨著時間感動他慢慢失去
　　　　　　　　　　　ㄑㄩˋ
　　　　　　　　　　　qù

到最後選擇了放棄
　　　　　　　ㄑㄧˋ
　　　　　　　qì

C1

我們打勾勾　好不好　說好不能在一起
　　　　　　　　　　　　　　　　ㄑㄧˇ
　　　　　　　　　　　　　　　　qǐ

這是我們的約定　　可惜你 卻忘記
　　　　　　ㄉㄧㄥˋ　　　　　ㄐㄧˋ
　　　　　　dìng　　　　　　　jì

C2

我們打勾勾　好不好　就算不能牽著你
　　　　　　　　　　　　　　　　ㄋㄧˇ
　　　　　　　　　　　　　　　　nǐ

那些屬於我們一起的回憶　答應我不會忘記
　　　　　　　　　　　ㄧˋ　　　　　　ㄐㄧˋ
　　　　　　　　　　　yì　　　　　　　jì

Rap

同一艘船上　我們渡過多少風浪
　　　　　ㄕㄚng丶　　　　　　　ㄌㄚng丶
　　　　　shang　　　　　　　　lang

是我太過窩囊　想念只敢放心上
　　　　　ㄋㄚng╱　　　　　　　ㄕㄚng丶
　　　　　nang　　　　　　　　　shang

回憶那時候　也許我的想法荒唐
　　　　　　　　　　　　　ㄊㄚng╱
　　　　　　　　　　　　　tang

妳的悲傷　我選擇眼睛閉上去遺忘
　　ㄕㄚng　　　　　　　　　　ㄨㄤng丶
　　shang　　　　　　　　　　wang

帶妳環遊世界的承諾依然記得
　　　　　　　　　　　　　ㄉㄜ╱
　　　　　　　　　　　　　de

不能一起到最後妳知道捨不得
　　　　　　　　　　　　　ㄉㄜ╱
　　　　　　　　　　　　　de

我們之間答案早不再只有是與否
　　　　　　　　　　　ㄈㄡˇ→ㄛㄨ
　　　　　　　　　　　fou

這次離開 請等我轉身之後再走
　　　　　　　　　　　ㄗㄡˇ→ㄛㄨ
　　　　　　　　　　　zou

B（佩佳＋翔永）

每一次傷害我　卻又溫柔抱緊我
　　　　　ㄨㄛˇ　　　　　　　　ㄨㄛˇ
　　　　　wǒ　　　　　　　　　wǒ

和我說了好多好多以後
　　　　　　　　　ㄏㄡˋ→ㄛㄨ
　　　　　　　　　hòu

都怪我　毫無保留　給你我所有
　ㄨㄛˇ　　　　ㄌㄧㄡˊ→ㄛㄨ　ㄧㄡˇ→ㄛㄨ
　wǒ　　　　　líu　　　　　yǒu

打了勾勾　我會笑著接受　我懂
　ㄍㄡ→ㄛㄨ　　　ㄕㄡˋ→ㄛㄨ　ㄉㄛng
　gōu　　　　　　shòu　　　dǒng

C1

說好不能在一起　可惜你卻忘記
　　　　　　ㄑㄧˇ　　　　　ㄐㄧˋ
　　　　　　qǐ　　　　　　　jì

C2

就算不能再繼續　一起的回憶　我忘記
　　　　　　　　　ㄧˋ　　　　ㄐㄧˋ
　　　　　　　　　yì　　　　　jì

找出每首歌最後一個字的韻腳，請見歌詞中圈出來的字。
並將每個韻腳拆開來解析，找出壓韻的母音。

（三）如何配唱

（參考《我想把歌唱好：一本沒有五線譜的歌唱書》的聲音表情記號）

把聲音表情中的歌唱技巧分成三層來練習，像是畫出房子的設計圖一般來分析。

1.確定歌曲架構（每首歌都適用，如房子結構確立）

（1）換氣點 V

找出每個句子的換氣點，能讓句子的意思被完整表達。

（2）段落 ⌒

換氣點與換氣點之間的句子就是段落。在歌詞上標出絕對不能換氣的句子，配合換氣點使用。

（3）重音 ∧

換氣點到換氣點之間，至少會有一個重音，重音會讓整首歌的律動更加明顯。

2.加強字句語氣（對特定字句做情緒上的強調，不宜常重複出現）

（1）氣音 ☁

（2）哭腔 ◌

（3）漸強 ◁

（4）漸弱 ▷

3.凸顯歌唱技巧（依照曲風與個人能力做歌曲裝飾與特色的發揮）

（1）轉音 ♫

（2）滑音 ↗↘

（3）真假音轉換 ●○

（4）抖音 ⋀⋀

（5）斷音 ／

（6）ROCK TONE ⋀⋀

跑在夢想的路上 詞曲/林昂熾　編曲/蘇迪

A1　生命是一條跑道　恐懼是一個個路障 ∨

　　　面對自我的過程　像是一場耐力賽 ∨

　　　好多時候很想哭　快撐不住挫折的重量 ∨

　　　可我知道和水眼淚　是成長必要的滋養 ∨

B1　只為了看見愛的人　眼神散發出希望 ∨

　　　現在就是時候　站上舞台中央 ∨

C　跑在夢想的路上　Follow your heart ∨

　　　讓強風吹拂著　身體臉頰和頭髮 ∨

　　　跑在夢想的路上　Follow your heart ∨

　　　人類沒有翅膀　卻有飛翔的力量 ∨

　　　我喜歡自己朝天空跳躍　那姿態就像煙火綻放 ∨

A2 表面看起來平凡　內心巨大的朋友啊 V

請不要笑我笨拙　也不要笑我荒唐 V

我等你跨出腳步　說你也將奔向遠方 V

奮不顧身走到前方　伸出手拉自己一把 V

B2 想一想每個愛的人　微笑起來的臉龐 V

有那麼多溫暖　還有什麼好怕 V

C(repeat)

跑在夢想的路上　Follow your heart V

讓強風吹拂著　身體臉頰和頭髮 V

跑在夢想的路上　Follow your heart V

人類沒有翅膀　卻有飛翔的力量 V

我喜歡自己朝天空跳躍　那姿態就像煙火綻放 V

結語──如何使用麥克風

現在藍芽麥克風已經為蔚為風潮。而如何使用麥克風，讓你的演出更亮眼，就是本書最後要提醒每位網紅歌手的。

一般來說，我們在唱歌的時候，麥克風的標準位置是離嘴巴半個拳頭的距離，如右圖❶。這個距離是理想的麥克風收音位置，不會噴麥（因著太大聲而麥克風破音），也不會因為太遠而麥克風收不到聲音。

但在唱高音的時候，我們可以將麥克風拉高到人中的位置，讓麥克風收到鼻腔與頭腔共鳴的聲音多一點，藉此讓高音的音色更突出如右圖❷。

在唱低音的時候，我們可以將麥克風靠近下巴多一點，讓麥克風收到低音的共鳴多一點，因此聲音可以更圓潤，如右圖❸。

最後，祝福每一位愛唱歌的朋友都能找到最屬於自己的舞台，往自己的夢想前進！祝福您！

FULL POWER

升級 HiFi 高傳真耳機(40mm)
直播 錄音 練唱 最佳選擇組合

隨時隨地 想唱就唱

idol K8 PLUS

有線行動KTV升級組 (HF-02 HiFi 貼耳式耳機)

飛航級輕鋁合金美型設計　　　升級40mm大驅動單體貼耳式耳機
電容式感應 全指向收音　　　　可掀式柔軟耳罩 舒適隔噪收納兼具
迴響混響效果 高低聲強化功能　獨家贈送 高級便攜收納箱

獨家贈送

高級便攜收納箱

*本產品為有線行動K歌麥克風及耳機，圖中平板、支架須另行選購 [註：錄音效果可能因為使用裝置不同而有所差異]

idol K8 PLUS 個人行動KTV
Personal Karaoke Microphone
・感應方式：高等級電容麥頭
・混音模式：最新型回音殘效混音晶片
・錄音優化：Apple iOS / Android 系統優化
・供電電源：440mAh / DC 5V 1A
・尺寸：135 x 30 x 30 mm
・淨重：87g (±1%)
・琥珀金 / 玫瑰金 / 鈦晶銀

HF-02 HiFi 貼耳式耳機
HF-02 HiFi Stereo Headphone
・技術特色：動圈式耳機驅動單體 / 優質複合塑料振膜 釹鐵硼磁鐵
・驅動單體：2*40mm
・電阻：16 Ω
・頻率範圍：10Hz～20KHz
・靈敏度：115dB@1KHz
・線材長度：1.2m (3.5mm音源線)
・尺寸：172 x 153 x 62 mm
・重量：140g

富佳泰國際有限公司
Full Power Creative Co., Ltd.
www.fp-creative.com.tw
+886-2-7709-8797

f idol K8 Q

idolK8 *PRO*
職人行動KTV
声を綺麗に録音するために

プロの内蔵DSP
極致混音・專業DSP音效處理晶片

オーディオコデック
進口指定・WM8776音頻編解碼器

スタジオ録音ような効果、ハイパーカーディオイド
比擬錄音室等級・超心型指向收音

金メッキダイアフラム
16mm鍍金振膜電容式麥克風

安定感が増す持ち
鋅合金材質增加手持觸感與穩定度

ライブ配信にサポート：伴奏入力ができ
(携帯電話、コンピュータ、電子楽器)
直播支持：可外接伴奏輸入 (手機・電腦・電子樂器)

產品規格

感應方式：電容式	電力輸入：DC5V/1A
靈敏度：(0dB=1V/Pa,1kHz) -43±2dB	充電時間：約5小時
信噪比：58dB (1kHz@1pa)	使用時間：約12小時
指向型：超心型	材質：鋅合金
混音模式：DSP數位混響	尺寸：155*35*35 mm
電池容量：2600mAh/3.7V	淨重：260g (±1%)

FULL POWER
富佳泰國際有限公司
Full Power Creative Co., Ltd.

www.fp-creative.com.tw
10352 台北市大同區南京西路41號5樓之10
5F., 10, No.41, Nanjing W. Rd., Datong Dist.,
Taipei City 10352, Taiwan (R.O.C.)
Tel: +886-2-7709 8797

本產品為職人行動KTV麥克風，包裝內不贈麥克風支架。

Creative 113

我想把歌唱好：網紅歌手養成術

作者：蔡宛凌
出版者：大田出版有限公司
台北市10445中山區中山北路二段26巷2號2樓
E-mail:titan3@ms22.hinet.net
大田官方網站：http://www.titan3.com.tw
編輯部專線（02）25621383　FAX（02）25818761
【如果您對本書或本出版公司有任何意見，歡迎來電】
法律顧問：陳思成律師

總編輯：莊培園
副總編輯：蔡鳳儀
執行編輯：陳顗如
企劃行銷：古家瑄、董芸
校對：黃薇霓、蔡宛凌、陳顗如
初版：2017年4月10日
定價：新台幣119元
印刷：上好印刷股份有限公司・（04）23150280

國際書碼：ISBN 978-986-179-485-3 / CIP 489.7/106003785
Print in Taiwan
版權所有。翻印必究
如有破損或裝訂錯誤，請寄回本公司更換

廣 告 回 信
台 北 郵 局 登 記 證
台北廣字第 01764 號

平 信

From：

地址：

＊請沿虛線剪下，對摺裝訂寄回，謝謝！

To：台北市 10445 中山區中山北路二段 26 巷 2 號 2 樓

大田出版有限公司 ／編輯部 收

電話：（02）25621383　傳真：（02）25818761

E-mail：titan3@ms22.hinet.net

寄回函
抽藍芽麥克風

只要回答下列問題，並寄回讀者回函，
就有機會得到藍芽麥克風一支！

Q：《我想把歌唱好：網紅歌手養成術》
請誰來當特邀作者？

A：＿＿＿＿＿＿＿＿＿＿＿＿＿＿＿＿＿＿＿＿

價值NT$2490元

活動時間：即日起至2017年6月15日止（憑郵戳日期為準）

得獎名單：2017年6月19日將公布於大田出版FB粉絲專頁

注意事項：大田出版保留活動修改之權利

大田出版

大田出版 讀者回函

姓　　名：_____

性　　別：□男　□女

生　　日：西元_____年_____月_____日

聯絡電話：_____

E-mail：_____

聯絡地址：_____

_____

教育程度：□國小 □國中 □高中職 □五專 □大專院校 □大學 □碩士 □博士

職　　業：□學生 □軍公教 □服務業 □金融業 □傳播業 □製造業
　　　　　□自由業 □農漁牧 □家管 □退休 □業務 □ SOHO 族
　　　　　□其他 _____

本書書名：　0714113 我想把歌唱好：網紅歌手養成術

你從哪裡得知本書消息？

□實體書店 _____ □網路書店 _____ □大田 FB 粉絲專頁
□大田電子報 或編輯病部落格 □朋友推薦 □雜誌 □報紙 □喜歡的作家推薦

當初是被本書的什麼部分吸引？

□價格便宜 □內容 □喜歡本書作者 □贈品 □包裝 □設計 □文案
□其他 _____

閱讀嗜好或興趣

□文學 / 小說 □社科 / 史哲 □健康 / 醫療 □科普 □自然 □寵物 □旅遊
□生活 / 娛樂 □心理 / 勵志 □宗教 / 命理 □設計 / 生活雜藝 □財經 / 商管
□語言 / 學習 □親子 / 童書 □圖文 / 插畫 □兩性 / 情慾
□其他 _____

請寫下對本書的建議：

＊請沿虛線剪下，對摺裝訂寄回，謝謝！

※ 填寫本回函，代表您接受大田出版不定期提供您出版相關資訊，
大田出版編輯部 感謝您！